中华人民共和国国旗法

中国法制出版社

目　　录

中华人民共和国主席令

第五十九号

《全国人民代表大会常务委员会关于修改〈中华人民共和国国旗法〉的决定》已由中华人民共和国第十三届全国人民代表大会常务委员会第二十二次会议于 2020 年 10 月 17 日通过，现予公布，自 2021 年 1 月 1 日起施行。

中华人民共和国主席　**习近平**

2020 年 10 月 17 日

全国人民代表大会常务委员会关于修改《中华人民共和国国旗法》的决定

（2020 年 10 月 17 日第十三届全国人民代表大会常务委员会第二十二次会议通过）

第十三届全国人民代表大会常务委员会第二十二次会议决定对《中华人民共和国国旗法》作如下修改：

一、将第一条修改为：“为了维护国旗的尊严，规范国旗的使用，增强公民的国家观念，弘扬爱国主义精神，培育和践行社会主义核心价值观，根据宪法，制定本法。”

二、增加一条，作为第三条：“国旗的通用尺度为国旗制法说明中所列明的五种尺度。特殊情况使用其他尺度的国旗，应当按照通用尺度成比例适当放大或者缩小。

“国旗、旗杆的尺度比例应当适当，并与使用目的、周围建筑、周边环境相适应。”

三、将第四条改为第二十二条，修改为：“国务院办公厅统筹协调全国范围内国旗管理有关工作。地方各级人民政府统筹协调本行政区域内国旗管理有关工作。

“各级人民政府市场监督管理部门对国旗的制作和销售实施监督管理。

“县级人民政府确定的部门对本行政区域内国旗的升挂、使用和收回实施监督管理。

“外交部、国务院交通主管部门、中央军事委员会有关部门对各自管辖范围内国旗的升挂、使用和收回实施监督管理。”

四、将第五条第二项修改为：“（二）中国共产党中央委员会，全国人民代表大会常务委员会，国务院，中央军事委员会，中国共产党中央纪律检查委员会、国家监察委员会，最高人民法院，最高人民检察院；

中国人民政治协商会议全国委员会”。

五、将第六条修改为：“下列机构所在地应当在工作日升挂国旗：

“（一）中国共产党中央各部门和地方各级委员会；

“（二）国务院各部门；

“（三）地方各级人民代表大会常务委员会；

“（四）地方各级人民政府；

“（五）中国共产党地方各级纪律检查委员会、地方各级监察委员会；

“（六）地方各级人民法院和专门人民法院；

“（七）地方各级人民检察院和专门人民检察院；

“（八）中国人民政治协商会议地方各级委员会；

“（九）各民主党派、各人民团体；

“（十）中央人民政府驻香港特别行政区有关机构、中央人民政府驻澳门特别行政区有关机构。

“学校除寒假、暑假和休息日外，应当每日升挂国旗。有条件的幼儿园参照学校的规定升挂国旗。

“图书馆、博物馆、文化馆、美术馆、科技馆、纪念馆、展览馆、体育馆、青少年宫等公共文化体育设施应当在开放日升挂、悬挂国旗。”

六、将第七条修改为：“国庆节、国际劳动节、元旦、春节和国家宪法日等重要节日、纪念日，各级国家机关、各人民团体以及大型广场、公园等公共活动场所应当升挂国旗；企业事业组织，村民委员会、居民委员会，居民院（楼、小区）有条件的应当升挂国旗。

“民族自治地方在民族自治地方成立纪念日和主要传统民族节日应当升挂国旗。

“举行宪法宣誓仪式时，应当在宣誓场所悬挂国旗。”

七、增加一条，作为第九条：“国家倡导公民和组织在适宜的场合使用国旗及其图案，表达爱国情感。

“公民和组织在网络中使用国旗图案，应当遵守相关网络管理规定，不得损害国旗尊严。

“网络使用的国旗图案标准版本在中国人大网和中国政府网上发布。”

八、将第十条改为第十一条，修改为：“中国人民解放军和中国人民武装警察部队升挂、使用国旗的办法，由中央军事委员会规定。”

九、将第十一条改为第十二条，第二款修改为：“执行出入境边防检查、边境管理、治安任务的船舶升挂国旗的办法，由国务院公安部门规定。”

增加一款，作为第三款：“国家综合性消防救援队伍的船舶升挂国旗的办法，由国务院应急管理部门规定。”

十、将第十三条改为第十四条，第二款修改为：“举行升旗仪式时，应当奏唱国歌。在国旗升起的过程中，在场人员应当面向国旗肃立，行注目礼或者按照规定要求敬礼，不得有损害国旗尊严的行为。”

增加一款，作为第三款：“北京天安门广场每日举行升旗仪式。”

将第三款改为第四款，修改为：“学校除假期外，每周举行一次升旗仪式。”

十一、将第十四条改为第十五条，第二款、第三款修改为：“举行国家公祭仪式或者发生严重自然灾害、突发公共卫生事件以及其他不幸事件造成特别重大伤亡的，可以在全国范围内下半旗志哀，也可以在部分地区或者特定场所下半旗志哀。

“依照本条第一款第三项、第四项和第二款的规定下半旗，由国务院有关部门或者省、自治区、直辖市人民政府报国务院决定。”

十二、增加一条，作为第十六条：“下列人士逝世，举行哀悼仪式时，其遗体、灵柩或者骨灰盒可以覆盖国旗：

“（一）本法第十五条第一款第一项至第三项规定的人士；

“（二）烈士；

“（三）国家规定的其他人士。

“覆盖国旗时，国旗不得触及地面，仪式结束后应当将国旗收回保存。”

十三、将第十七条改为第十九条，修改为：“不得升挂或者使用破损、污损、褪色或者不合规格的国旗，不得倒挂、倒插或者以其他有损国旗尊严的方式升挂、使用国旗。

“不得随意丢弃国旗。破损、污损、褪色或者不合规格的国旗应当按照国家有关规定收回、处置。大型群众性活动结束后，活动主办方应当收回或者妥善处置活动现场使用的国旗。”

十四、将第十八条改为第二十条，修改为：“国旗及其图案不得用作商标、授予专利权的外观设计和商业广告，不得用于私人丧事活动等不适宜的情形。”

十五、增加一条，作为第二十一条：“国旗应当作为爱国主义教育的重要内容。

“中小学应当教育学生了解国旗的历史和精神内涵、遵守国旗升挂使用规范和升旗仪式礼仪。

“新闻媒体应当积极宣传国旗知识，引导公民和组织正确使用国旗及其图案。”

本决定自2021年1月1日起施行。

《中华人民共和国国旗法》根据本决定作相应修改并对条文顺序作相应调整，重新公布。

中华人民共和国国旗法

（1990年6月28日第七届全国人民代表大会常务委员会第十四次会议通过　根据2009年8月27日第十一届全国人民代表大会常务委员会第十次会议《关于修改部分法律的决定》第一次修正　根据2020年10月17日第十三届全国人民代表大会常务委员会第二十二次会议《关于修改〈中华人民共和国国旗法〉的决定》第二次修正）

第一条　为了维护国旗的尊严，规范国旗的使用，增强公民的国家观念，弘扬爱国主义精神，培育和践行社会主义核心价值观，根据宪法，制定本法。

第二条　中华人民共和国国旗是五星红旗。

中华人民共和国国旗按照中国人民政治协商会议第一届全体会议主席团公布的国旗制法说明制作。

第三条　国旗的通用尺度为国旗制法说明中所列明的五种尺度。特殊情况使用其他尺度的国旗，应当按照通用尺度成比例适当放大或者缩小。

国旗、旗杆的尺度比例应当适当，并与使用目的、周围建筑、周边环境相适应。

第四条 中华人民共和国国旗是中华人民共和国的象征和标志。

每个公民和组织，都应当尊重和爱护国旗。

第五条 下列场所或者机构所在地，应当每日升挂国旗：

（一）北京天安门广场、新华门；

（二）中国共产党中央委员会，全国人民代表大会常务委员会，国务院，中央军事委员会，中国共产党中央纪律检查委员会、国家监察委员会，最高人民法院，最高人民检察院；

中国人民政治协商会议全国委员会；

（三）外交部；

（四）出境入境的机场、港口、火车站和其他边境口岸，边防海防哨所。

第六条 下列机构所在地应当在工作日升挂国旗：

（一）中国共产党中央各部门和地方各级委员会；

（二）国务院各部门；

（三）地方各级人民代表大会常务委员会；

（四）地方各级人民政府；

（五）中国共产党地方各级纪律检查委员会、地方各级监察委员会；

（六）地方各级人民法院和专门人民法院；

（七）地方各级人民检察院和专门人民检察院；

（八）中国人民政治协商会议地方各级委员会；

（九）各民主党派、各人民团体；

（十）中央人民政府驻香港特别行政区有关机构、中央人民政府驻澳门特别行政区有关机构。

学校除寒假、暑假和休息日外，应当每日升挂国旗。有条件的幼儿园参照学校的规定升挂国旗。

图书馆、博物馆、文化馆、美术馆、科技馆、纪念馆、展览馆、体育馆、青少年宫等公共文化体育设施应当在开放日升挂、悬挂国旗。

第七条　国庆节、国际劳动节、元旦、春节和国家宪法日等重要节日、纪念日，各级国家机关、各人民团体以及大型广场、公园等公共活动场所应当升挂国旗；企业事业组织，村民委员会、居民委员会，居民院（楼、小区）有条件的应当升挂国旗。

民族自治地方在民族自治地方成立纪念日和主要传统民族节日应当升挂国旗。

举行宪法宣誓仪式时，应当在宣誓场所悬挂国旗。

第八条　举行重大庆祝、纪念活动，大型文化、体育活动，大型展览会，可以升挂国旗。

第九条　国家倡导公民和组织在适宜的场合使用国旗及其图案，表达爱国情感。

公民和组织在网络中使用国旗图案，应当遵守相关网络管理规定，不得损害国旗尊严。

网络使用的国旗图案标准版本在中国人大网和中国政府网上发布。

第十条　外交活动以及国家驻外使馆领馆和其他外交代表机构升挂、使用国旗的办法，由外交部规定。

第十一条　中国人民解放军和中国人民武装警察部队升挂、使用国旗的办法，由中央军事委员会规定。

第十二条　民用船舶和进入中国领水的外国船舶升挂国旗的办法，由国务院交通主管部门规定。

执行出入境边防检查、边境管理、治安任务的船舶升挂国旗的办法，由国务院公安部门规定。

国家综合性消防救援队伍的船舶升挂国旗的办法，由国务院应急管理部门规定。

第十三条　依照本法第五条、第六条、第七条的规定升挂国旗的，应当早晨升起，傍晚降下。

依照本法规定应当升挂国旗的，遇有恶劣天气，可以不升挂。

第十四条　升挂国旗时，可以举行升旗仪式。

举行升旗仪式时，应当奏唱国歌。在国旗升起的过程中，在场人员应当面向国旗肃立，行注目礼或者按照规定要求敬礼，不得有损害国旗尊严的行为。

北京天安门广场每日举行升旗仪式。

学校除假期外，每周举行一次升旗仪式。

第十五条 下列人士逝世，下半旗志哀：

（一）中华人民共和国主席、全国人民代表大会常务委员会委员长、国务院总理、中央军事委员会主席；

（二）中国人民政治协商会议全国委员会主席；

（三）对中华人民共和国作出杰出贡献的人；

（四）对世界和平或者人类进步事业作出杰出贡献的人。

举行国家公祭仪式或者发生严重自然灾害、突发公共卫生事件以及其他不幸事件造成特别重大伤亡的，可以在全国范围内下半旗志哀，也可以在部分地区或者特定场所下半旗志哀。

依照本条第一款第三项、第四项和第二款的规定下半旗，由国务院有关部门或者省、自治区、直辖市人民政府报国务院决定。

依照本条规定下半旗的日期和场所，由国家成立的治丧机构或者国务院决定。

第十六条 下列人士逝世，举行哀悼仪式时，其遗体、灵柩或者骨灰盒可以覆盖国旗：

（一）本法第十五条第一款第一项至第三项规定的人士；

（二）烈士；

（三）国家规定的其他人士。

覆盖国旗时，国旗不得触及地面，仪式结束后应当将国旗收回保存。

第十七条 升挂国旗，应当将国旗置于显著的位置。

列队举持国旗和其他旗帜行进时，国旗应当在其他旗帜之前。

国旗与其他旗帜同时升挂时，应当将国旗置于中心、较高或者突出的位置。

在外事活动中同时升挂两个以上国家的国旗时，应当按照外交部的规定或者国际惯例升挂。

第十八条 在直立的旗杆上升降国旗，应当徐徐升降。升起时，必须将国旗升至杆顶；降下时，不得使国旗落地。

下半旗时，应当先将国旗升至杆顶，然后降至旗顶与杆顶之间的距离为旗杆全长的三分之一处；降下时，应当先将国旗升至杆顶，然后再降下。

第十九条 不得升挂或者使用破损、污损、褪色或者不合规格的国旗，不得倒挂、倒插或者以其他有损国旗尊严的方式升挂、使用国旗。

不得随意丢弃国旗。破损、污损、褪色或者不合规格的国旗应当按照国家有关规定收回、处置。大型群众性活动结束后，活动主办方应当收回或者妥善处置活动现场使用的国旗。

第二十条 国旗及其图案不得用作商标、授予专利权的外观设计和商业广告，不得用于私人丧事活动等不适宜的情形。

第二十一条 国旗应当作为爱国主义教育的重要内容。

中小学应当教育学生了解国旗的历史和精神内涵、遵守国旗升挂使用规范和升旗仪式礼仪。

新闻媒体应当积极宣传国旗知识，引导公民和组织正确使用国旗及其图案。

第二十二条 国务院办公厅统筹协调全国范围内国旗管理有关工作。地方各级人民政府统筹协调本行政区域内国旗管理有关工作。

各级人民政府市场监督管理部门对国旗的制作和销售实施监督管理。

县级人民政府确定的部门对本行政区域内国旗的升挂、使用和收回实施监督管理。

外交部、国务院交通主管部门、中央军事委员会有关部门对各自管辖范围内国旗的升挂、使用和收回实施监督管理。

第二十三条 在公众场合故意以焚烧、毁损、涂划、玷污、践踏等方式侮辱中华人民共和国国旗的，依法追究刑事责任；情节较轻的，由公安机关处以十五日以下拘留。

第二十四条 本法自1990年10月1日起施行。

附：

国旗制法说明

（1949年9月28日中国人民政治协商会议第一届全体会议主席团公布）

国旗的形状、颜色两面相同，旗上五星两面相对。为便利计，本件仅以旗杆在左之一面为说明之标准。对于旗杆在右之一面，凡本件所称左均应改右，所称右均应改左。

（一）旗面为红色，长方形，其长与高为三与二之比，旗面左上方缀黄色五角星五颗。一星较大，其外接圆直径为旗高十分之三，居左；四星较小，其外接圆直径为旗高十分之一，环拱于大星之右。旗杆套为白色。

（二）五星之位置与画法如下：

甲、为便于确定五星之位置，先将旗面对分为四个相等的长方形，将左上方之长方形上下划为十等分，左右划为十五等分。

乙、大五角星的中心点，在该长方形上五下五、左五右十之处。其画法为：以此点为圆心，以三等分为半径作一圆。在此圆周上，定出五个等距离的点，其一点须位于圆之正上方。然后将此五点中各相隔的两点相联，使各成一直线。此五直线所构成之外轮廓线，即为所需之大五角星。五角星之一个角尖正向上方。

丙、四颗小五角星的中心点，第一点在该长方形上二下八、左十右五之处，第二点在上四下六、左十二右三之处，第三点在上七下三、左十二右三之处，第四点在上九下一、左十右五之处。其画法为：以以上四点为圆心，各以一等分为半径，分别作四个圆。在每个圆上各定出五个等距离的点，其中均须各有一点位于大五角星中心点与以上四个圆心的各联结线上。然后用构成大五角星的同样方法，构成小五角星。此四颗小五角星均各有一个角尖正对大五角星的中心点。

（三）国旗之通用尺度定为如下五种，各界酌情选用：

甲、长 288 公分，高 192 公分。

乙、长 240 公分，高 160 公分。

丙、长 192 公分，高 128 公分。

丁、长 144 公分，高 96 公分。

戊、长 96 公分，高 64 公分。

（国旗制法图案见封三）

关于《中华人民共和国国旗法（修正草案）》的说明

——2020 年 8 月 8 日在第十三届全国人民代表大会常务委员会第二十一次会议上

全国人大常委会法制工作委员会副主任　武　增

全国人民代表大会常务委员会：

我受委员长会议的委托，作关于《中华人民共和国国旗法（修正草案）》的说明。

一、修改国旗法的必要性和重要意义

我国宪法第一百四十一条规定："中华人民共和国国旗是五星红旗。"1990 年 6 月七届全国人大常委会第十四次会议通过国旗法，对国旗的尺度、升挂、使用和监督管理等作出规定。2009 年 8 月十一届全国人大常委会第十次会议对国旗法的法律责任条款作了修改。国旗法颁布施行三十年来，对保障国旗的正确使用，维护国旗的尊严，增强公民的国家观念，弘扬爱国主义精神，发挥了重要作用。同时，随着我国政治和社会的发展，国旗的使用越来越广泛，成为人民群众表达爱国情感的重要方式，国旗法实施中也遇到一些新情况新问题，如国旗的通用尺度已不能满足实践中国旗使用多样化的需求；国旗升挂和使用的场合已不适应国家政治和社会发展的需要；国旗升挂和使用中存在一些不规范的情况；国旗制作、销售、升挂、回收的监督管理部门还不够明确等。针对实践中存在的突出问题，与时俱进，适时修改国旗法，完善国家标志制度，具有重要意义。

（一）修改国旗法，规范国旗的使用，是维护国家形象和尊严的需要

国旗是国家的象征和标志，代表着国家的权威与尊严。现实生活中，国旗的使用越来越广泛，国旗使用不当的情况也时有发生。如：有的单位升挂的国旗长年只升不降，导致破损、褪色；有的出现倒挂国旗的现象；有的大型活动结束后，随处可见丢弃的手持国旗；另外，在商品和网络上，国旗图案也有些使用不当的情形，这些都损害了国旗尊严。修改国旗法，强化国旗使用的规范性和严肃性，加强国旗使用的管理监督，有利于形成维护国旗尊严的意识和社会氛围，有利于维护国家的形象和尊严。

（二）修改国旗法，鼓励国旗的使用，是培育和践行社会主义核心价值观的需要

爱国是社会主义核心价值观的重要内容，国旗作为国家的象征和标志，是进行爱国主义教育的最好教材。现行国旗法主要对国家机关、学校升挂国旗提出了要求，对企业事业组织、村民委员会、居民委员会以及一些公共场合升挂国旗作了原则规定，没有对公民个人使用国旗和国旗图案作出规定。实践中，国旗和国旗图案不断从机关走向社会，从实际生活走向网络空间，成为人民群众表达爱国情感、增强国家观念的重要方式。修改完善国旗法，鼓励人民群众使用国旗表达爱国情感，有利于弘扬爱国主义精神，培育和践行社会主义核心价值观。

（三）修改国旗法，完善国家象征和标志制度，是推进国家治理体系和治理能力现代化的需要

党的十九届四中全会决定提出：发展社会主义先进文化、广泛凝聚人民精神力量，是国家治理体系和治理能力现代化的深厚支撑。国旗制度是国家制度的重要方面。党的十八大以来，以习近平同志为核心的党中央高度重视国家仪典、国家标志方面的立法，相继制定国歌法、国家勋章和国家荣誉称号法、英雄烈士保护法等重要法律，完善了宪法确立的许多重要国

家制度，建立了宪法宣誓制度、国家公祭制度等。修改国旗法，完善国家标志法律制度，强化公民的国家意识和爱国主义精神，是发展社会主义先进文化的重要体现，是推进国家治理体系和治理能力现代化的重要支撑。

国旗承载着人民群众对党对国家对民族的崇高敬意和深厚情感。当前，中国特色社会主义进入新时代，我国正处在实现中华民族伟大复兴的关键时期，修改国旗法，完善国家标志制度，展现大国气象，强化国家观念，有利于增强全体人民对中国特色社会主义的道路自信、理论自信、制度自信、文化自信，有利于为实现中华民族伟大复兴的中国梦凝聚强大的精神力量。

二、修改的工作过程、指导思想和遵循的原则

近年来，一些全国人大代表、全国政协委员和专家学者提出修改完善国旗法的意见建议。2019 年 2 月和 3 月，习近平总书记两次对完善国旗法作出重要批示，为完善国旗法律制度提供基本遵循和重要指引。全国人大常委会高度重视，将国旗法修改列入常委会年度立法工作计划，法制工作委员会立即启动修改工作，研究总结实践中国旗使用好的经验做法，梳理存在的问题，对国外有关国旗的立法进行了研究；到北

京、浙江进行调研，了解国旗制作和使用、国旗教育等方面的情况；召开座谈会，听取全国人大代表、政协委员、专家学者和中央有关部门意见。同时，认真研究吸收中央政策研究室关于完善国旗法的意见建议。在形成修改方案后，又书面征求了部分中央和国家机关意见。在此基础上，形成了《中华人民共和国国旗法（修正草案）》。经委员长会议审议，决定将国旗法（修正草案）提请本次常委会会议审议。

修改国旗法坚持以习近平新时代中国特色社会主义思想为指导，贯彻党的十九大和十九届二中、三中、四中全会精神，完善国家重要标志制度，在全社会形成尊重、爱护国旗的氛围，增强公民的国家观念，弘扬爱国主义精神，培育和践行社会主义核心价值观，为实现中华民族伟大复兴凝聚精神力量。

修改国旗法遵循的原则：一是坚持部分修改，不作大的修改，重点完善国旗的礼仪规范和使用规则，明确国旗使用的监督管理部门。二是根据国旗的特点，强调鼓励与规范并重，增加国旗非通用尺度使用的场合和要求，鼓励公民和组织在适当场合升挂、使用国旗和国旗图案，加强国旗宣传教育。三是进一步规范国旗及其图案的使用，对实践中影响国旗权威和尊严的问题作出规范，维护国旗的权威和尊严。四是做好与国歌法等涉及国旗的相关法律的衔接，保持法律规范之间的和谐统一。

三、修正草案的主要内容

修正草案共19条，主要内容如下：

（一）关于完善国旗的尺度

国旗法所附的《国旗制法说明》对国旗的样式和五种通用尺度作出规定。目前，这五种通用尺度已不能满足实践中使用国旗多样化的需求。考虑到《国旗制法说明》是1949年9月28日中国人民政治协商会议第一届全体会议主席团公布的，已成为一份重要历史性文献，不宜对《国旗制法说明》进行直接修改。因此，草案增加了对非通用尺度国旗的原则规定，同时对国旗与旗杆的尺度比例等提出要求，规定："国旗的通用尺度为国旗制法说明中所列明的五种尺度。特殊情况使用其他尺度的国旗，应当按照通用尺度成比例适当放大或者缩小"，"国旗、旗杆的尺度比例应当适当，并与使用目的、周围建筑、周边环境相适应"。

（二）关于增加升挂国旗的场合

国旗法第五条、第六条、第七条分别对不同国家机关、单位、场所在每日、工作日和节假日升挂国旗作了规定。草案从以下几个方面进一步完善升挂国旗场合的规定。一是为体现中国共产党在国家中的领导地位，增加规定“中国共产党中央委员会”每日升挂国旗，“中国共产党中央各部门和地方各级委员会”在工作日升挂国旗。二是为体现国家监察体制改革后国家机构的新变化，增加规定“中国共产党中央纪律检查委员会、国家监察委员会”每日升挂国旗，“中国共产党地方各级纪律检查委员会、地方各级监察委员会”在工作日升挂国旗。三是增加规定各民主党派、各人民团体在工作日升挂国旗。四是加强国旗的教育功能，增加规定“有条件的非全日制学校可以参照全日制学校的规定升挂国旗”，“国家鼓励图书馆、博物馆、文化馆、美术馆、科技馆、纪念馆、青少年宫等公共文化设施在开放日升挂国旗”。五是根据实践发展，增加规定宪法宣誓场所悬挂国旗，增加国家宪法日、烈士纪念日升挂国旗的要求，并对居民小区在重要节日、纪念日升挂国旗作出规定。同时，删去了现行法第七条第二款“不以春节为传统节日的少数民族地区，春节是否升挂国旗，由民族自治地方的自治机关规定”的内容。

（三）关于规范升旗仪式要求

国旗法第十三条规定，举行升国旗仪式时，在国旗升起的过程中，参加者应当面向国旗肃立致敬，并可以奏国歌或者唱国歌。为了进一步增强升国旗仪式的严肃性、强化仪式感，草案对参加者的礼仪规范进一步明确，规定：“举行升旗仪式时，应当奏唱国歌，在国旗升起的过程中，参加者应当面向国旗肃立行注目礼或者按照规定要求敬礼，不得有损害国旗尊严的行为。”同时，北京天安门广场每日举行的升国旗仪式，已经成为国家的一项重要日常仪典，也是全国各族人民凝心聚力的重要形式，为此草案对这项仪式予以明确，增加规定“北京天安门广场每日举行升旗仪式，由中国人民解放军仪仗队负责”。

（四）关于完善使用国旗志哀相关制度

国旗法第十四条对下半旗制度作了规定。实践中，除全国范围内下半旗外，也出现了在部分地区或者特定场所下半旗的情形。为进一步适应实践需求，草案规定发生特别重大伤亡的不幸事件、严重自然灾害和公共卫生事件造成重大伤亡或者举行国家公祭仪式时，“可以在全国范围内下半旗志哀，也可以在部分地区或者特定场所下半旗志哀。”同时，为了进一步增强这项制度的可操作性，根据实践中的做法，增加了下半旗的程序规定，明确“由国务院有关部门或者省、自治区、直辖市人民政府”报国务院决定。此外，为了完善国家仪典制度，规范国旗的使用，根据实践情况，草案增加规定：“本法第十六条第一款第一项至第三项规定的人士逝世后以及烈士，其遗体、灵柩或者骨灰盒可以覆盖国旗”，“按照前款规定覆盖国旗时，国旗不得触及地面，有关仪式结束后应当将国旗收回保存”。

（五）关于完善国旗及其图案使用要求

为加强国旗及其图案使用的规范化，草案进一步明确国旗及其图案“不得用作商标、产品外观设计和商业广告，不得用于私人丧事活动等不适宜的情形”；增加规定“公民和组织在网络中使用国旗图案，应当遵守相关网络管理规定，不得损害国旗尊严”。为防止倒挂国旗、大型活动过后国旗随意丢弃等损害国旗尊严的情形，草案增加规定“不得倒挂或者以其他有损国旗尊严的方式升挂、使用国旗”，“不得随意丢弃国旗。破损、污损、褪色或者不合规格的国旗应当按国家有关规定回收、处置。大型群众性活动结束后，活动主办方应当妥善处置活动现场使用的各类国旗”。

（六）关于加强国旗宣传教育

为了进一步鼓励公民通过使用国旗表达爱国情感，发挥国旗在爱国主义教育中的重要作用，增加规定“国家倡导公民和组织在适宜的场合使用国旗及其图案，表达爱国情感”，“新闻媒体应当积极宣传国旗知识，引导公民正确使用国旗及其图案”；“全日制学校应当将国旗教育作为爱国主义教育的重要内容，教育学生了解国旗的历史和精神内涵，遵守国旗升挂使用规范和升国旗仪式礼仪”。

（七）关于明确国旗的监管部门

现行国旗法规定国旗的监督管理主体为地方各级人民政府，没有明确具体部门，在实践中导致监管不到位的情况。为进一步加强国旗使用的监督管理，明确具体涉及国旗制作、销售、升挂、使用、回收等方面监管责任，草案增加规定“国务院确定的部门统筹协调全国范围内国旗管理有关工作。地方各级人民政府统筹协调本行政区域内国旗管理有关工作”，“地方各级人民政府市场监督管理部门对本行政区域内国旗的制作和销售，实施监督管理”，“县级人民政府确定的部门对本行政区域内国旗的升挂、使用和回收，实施监督管理”。

此外，还有一个问题需要说明。国旗法已经列入香港特别行政区基本法、澳门特别行政区基本法附件三，并已在香港特别行政区、澳门特别行政区实施。这次修改国旗法无需重新列入两个基本法附件三。考虑到香港特别行政区、澳门特别行政区均已通过本地立法实施国旗法，经研究，建议两个特别行政区根据修改后国旗法的有关规定、原则和精神，对各自本地立法作相应修改。

国旗法（修正草案）和以上说明是否妥当，请审议。

中华人民共和国国旗法

ZHONGHUA RENMIN GONGHEGUO GUOQIFA

经销/新华书店

印刷/鸿博睿特（天津）印刷科技有限公司

开本/850 毫米×　68 毫米　32 开　　印张/1　字数/12 千

版次/2020 年 10 月第 1 版　　2024 年 11 月第 5 次印刷

中国法制出版社出版

书号 ISBN 978-7-5216-1342-1　　定价：4.00 元

北京市西城区西便门西里甲 16 号西便门办公区

邮政编码：100053　　传真：010-63141600

网址：http：//www.zgfzs.com　　**编辑部电话：010-63141673**

市场营销部电话：010-63141612　　**印务部电话：010-63141606**

（如有印装质量问题，请与本社印务部联系。）